ROBIN RHODE
PARABOLIC BIKE

2010

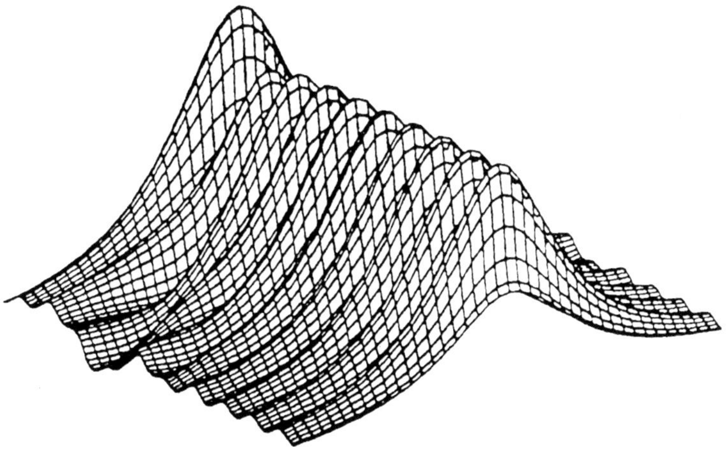

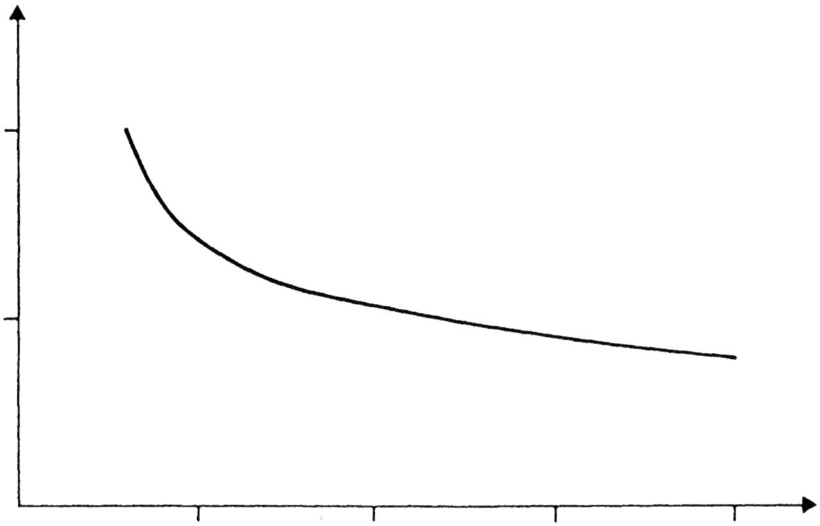

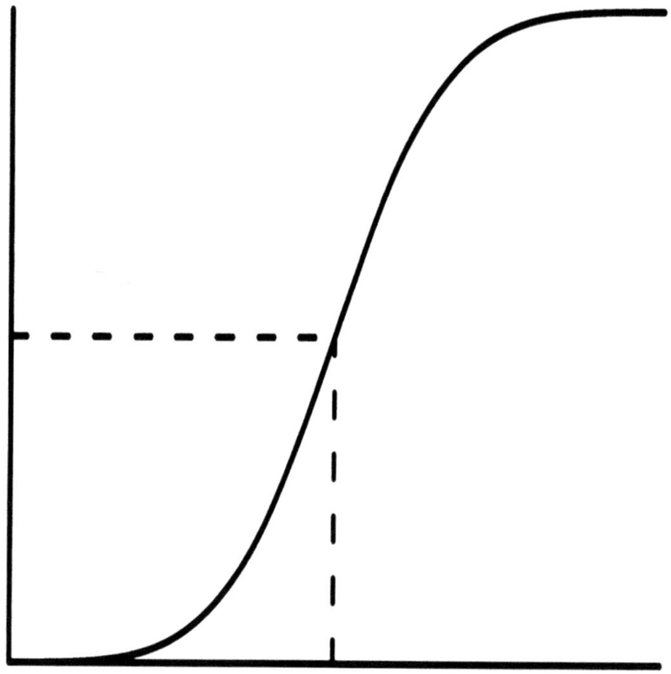

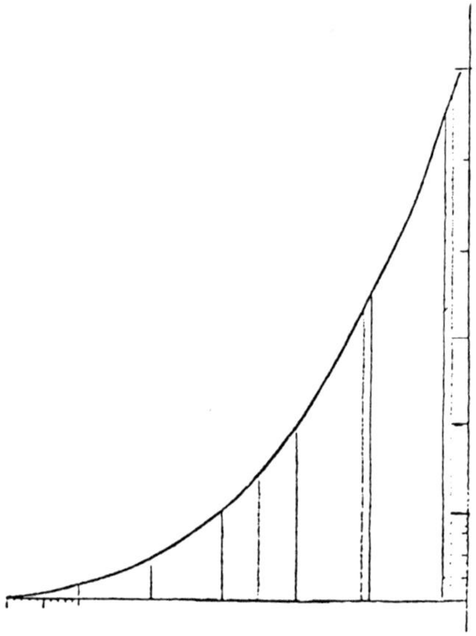

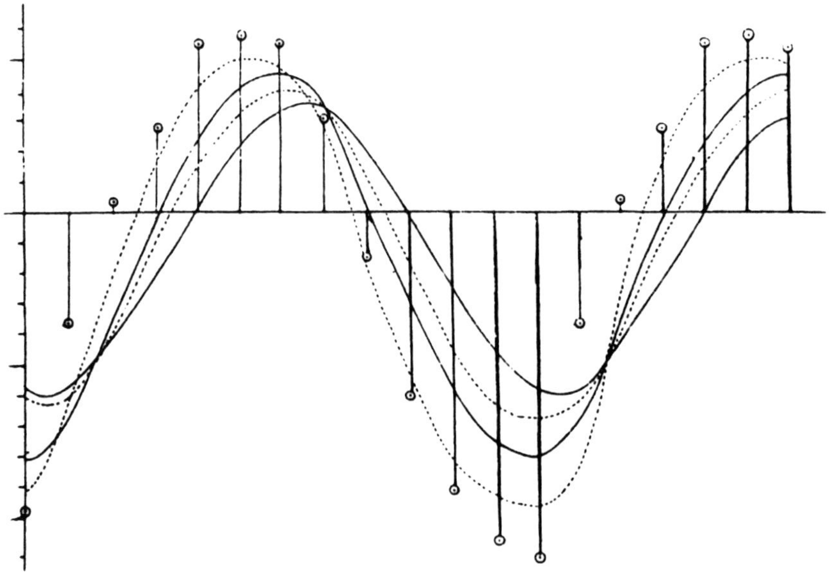

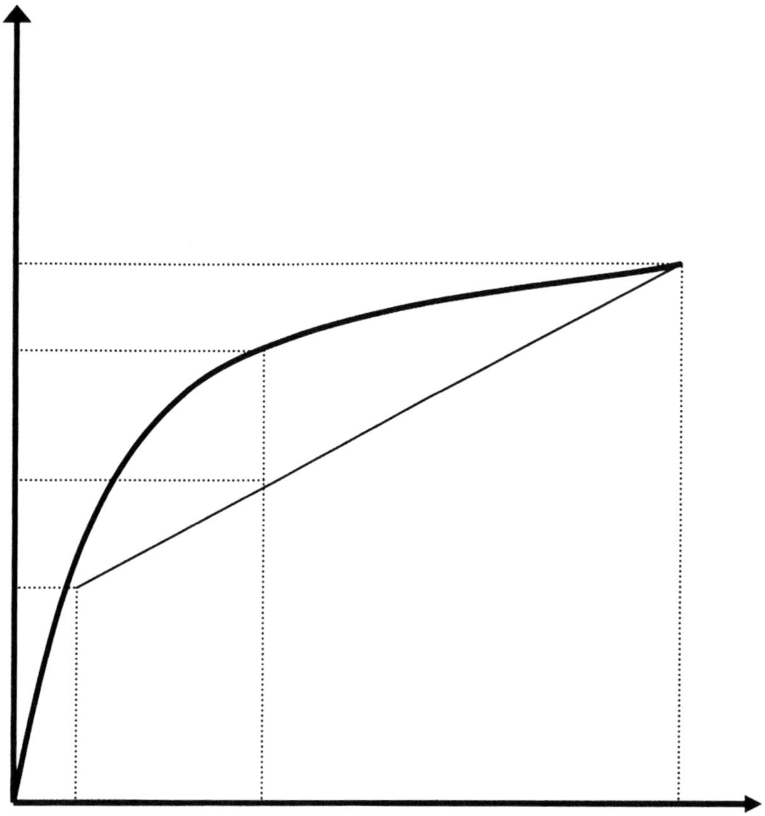

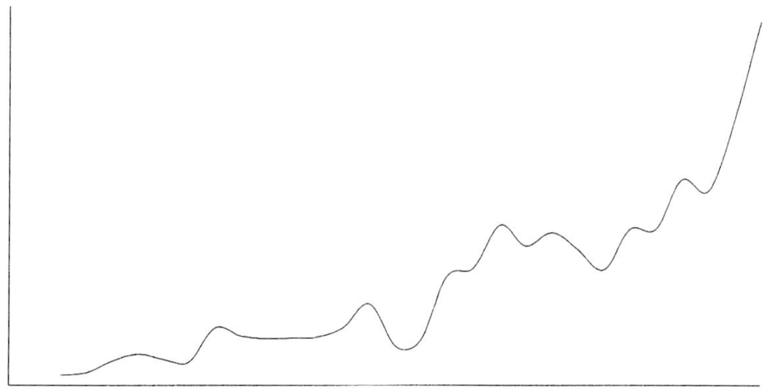

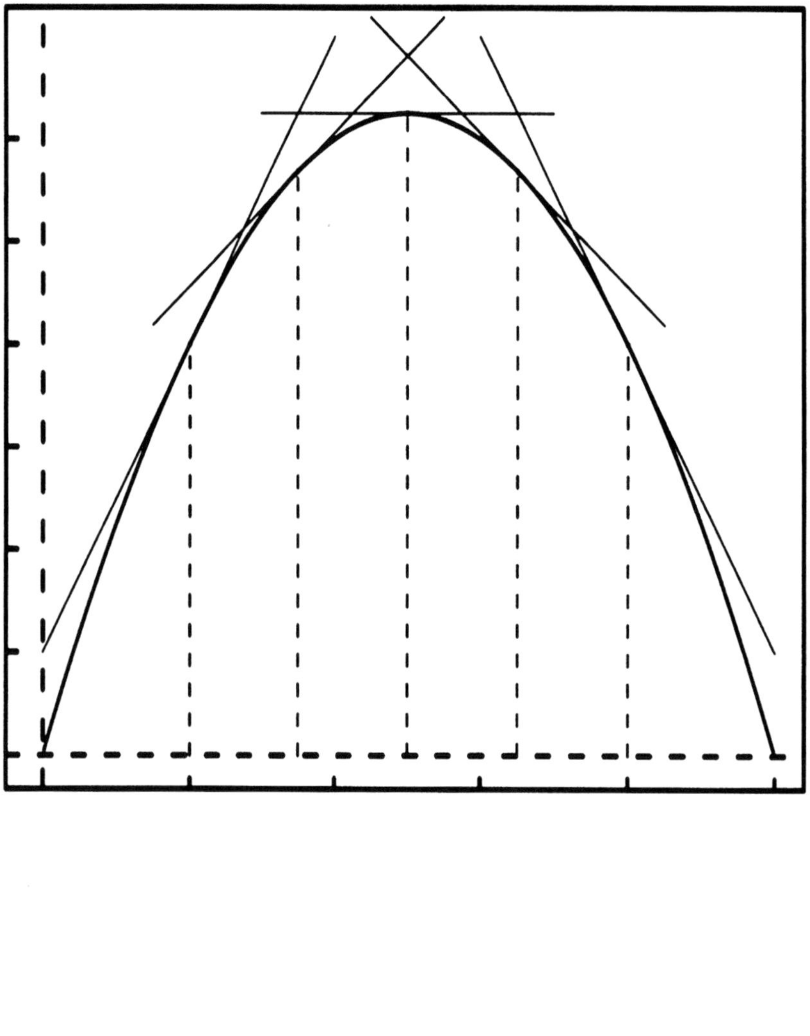

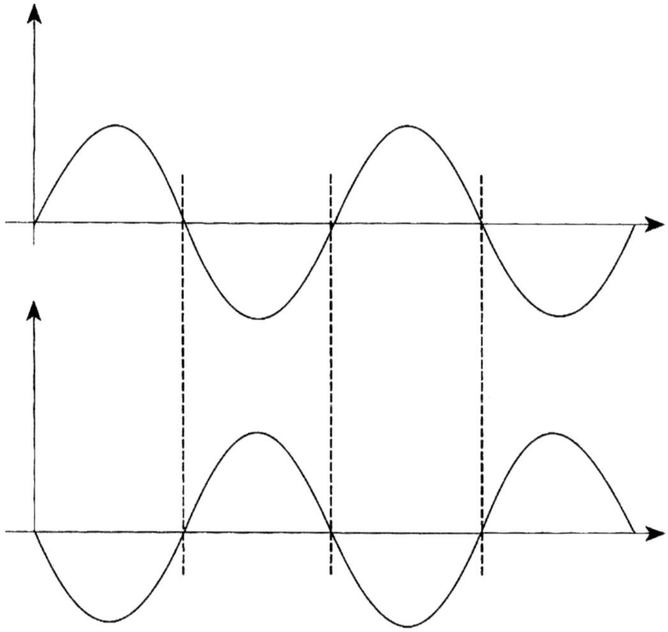

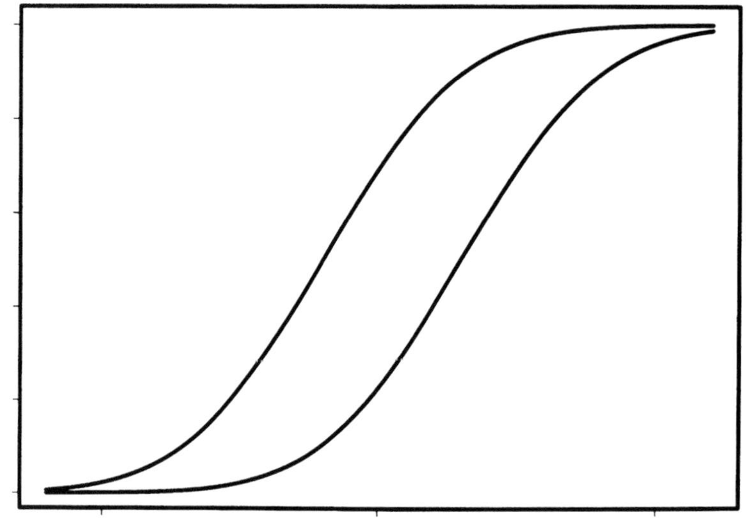

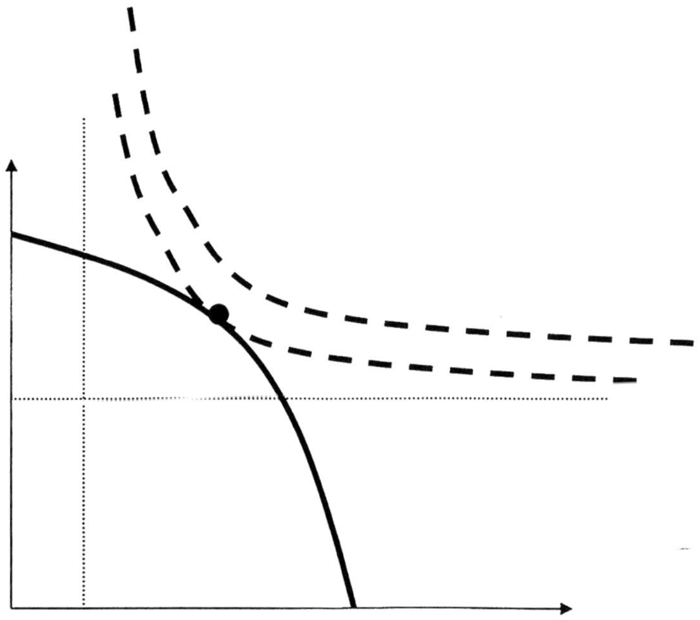

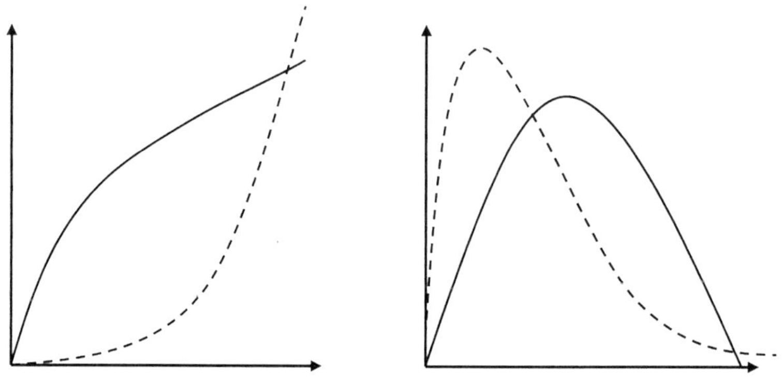

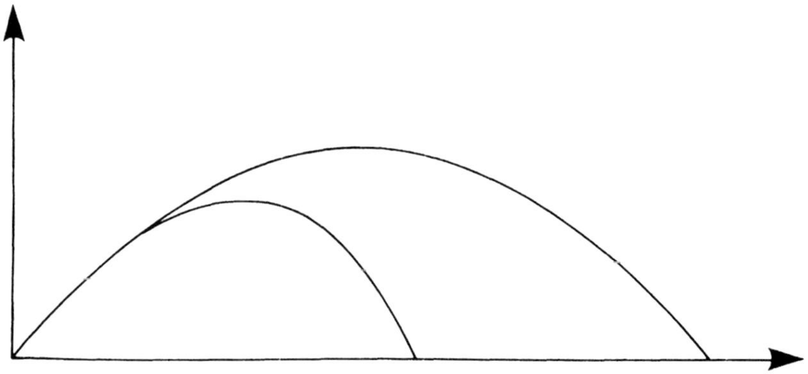

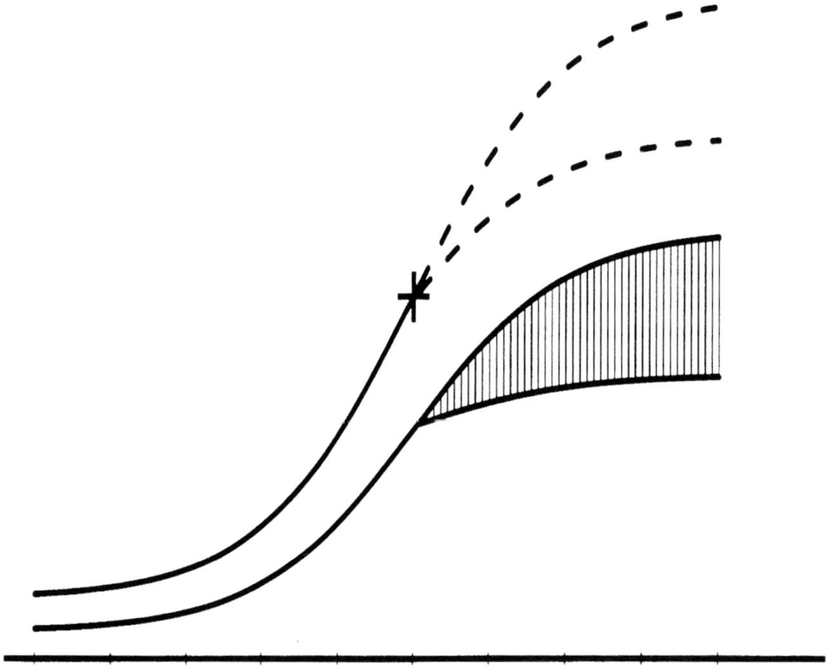

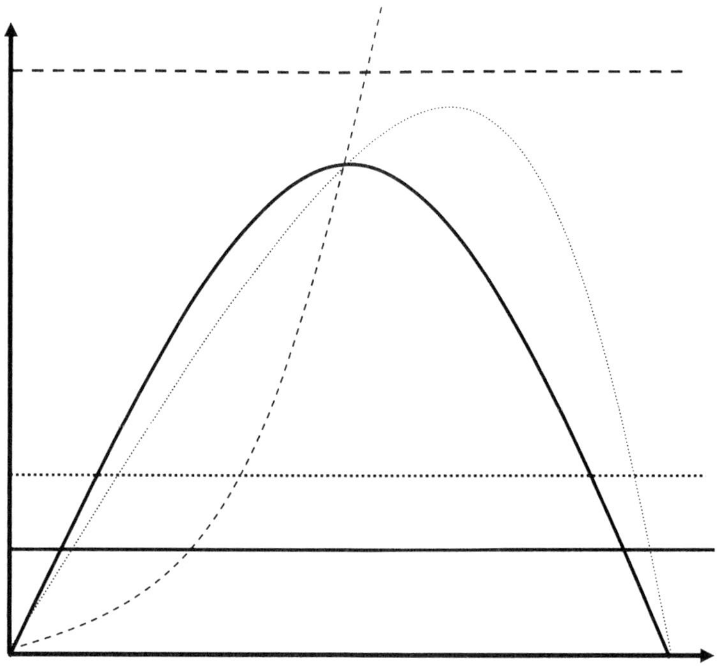

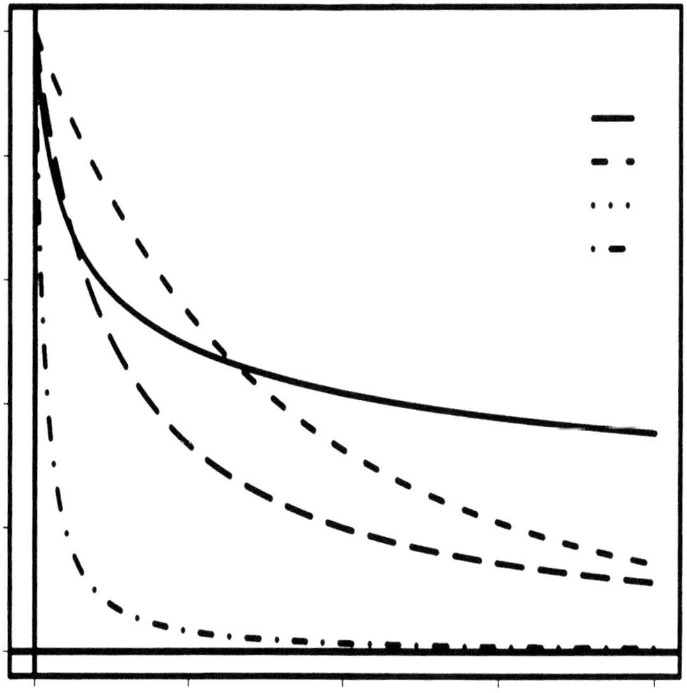

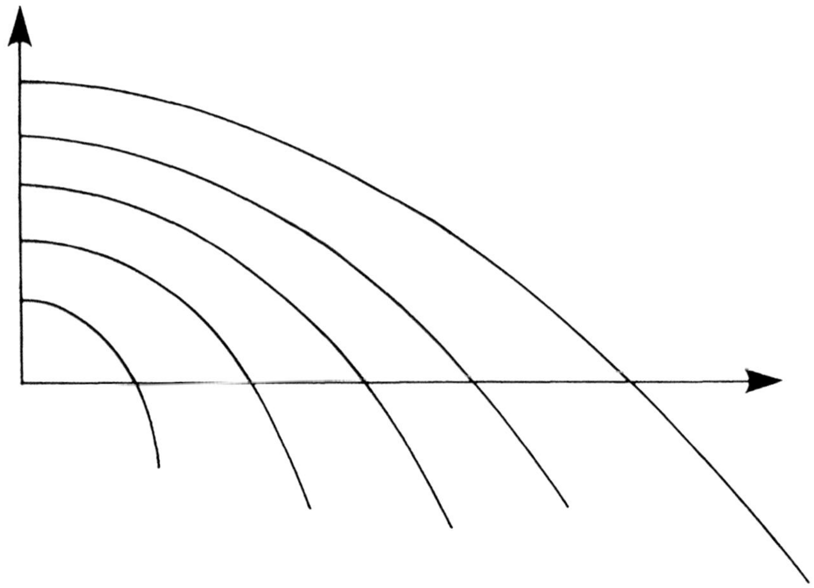

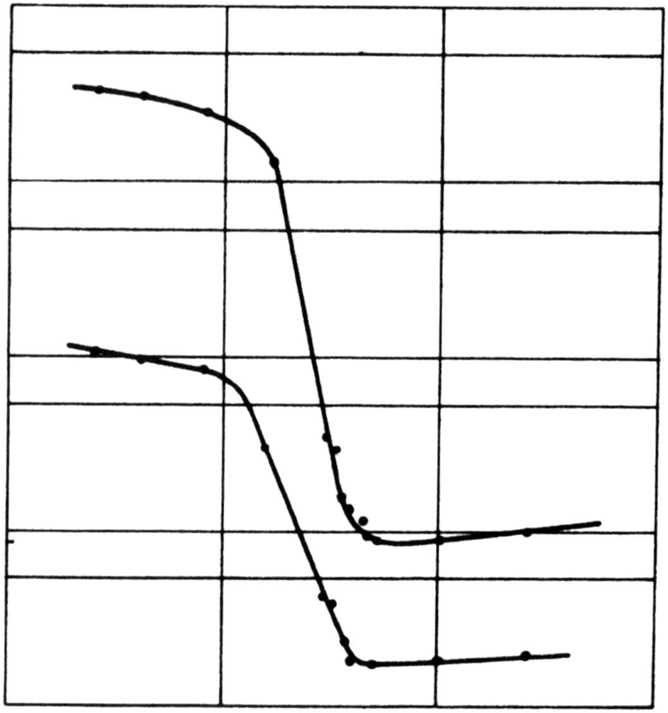

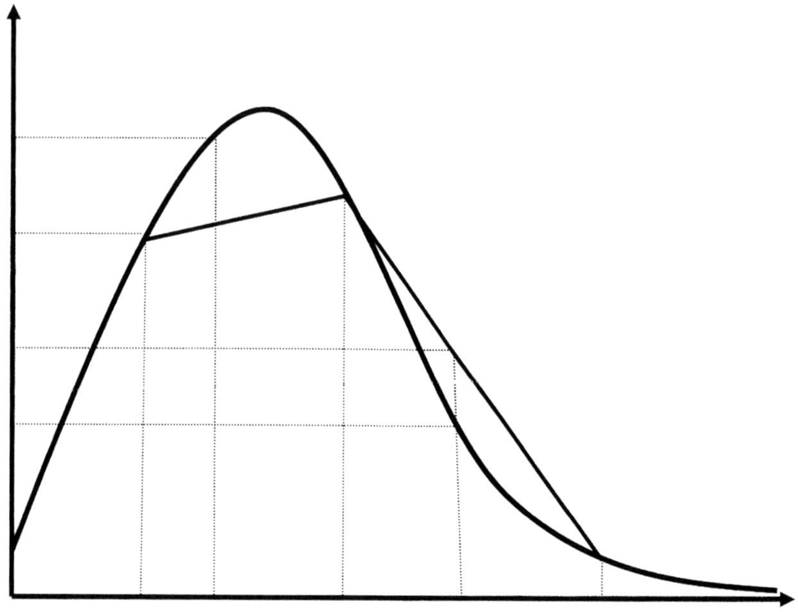

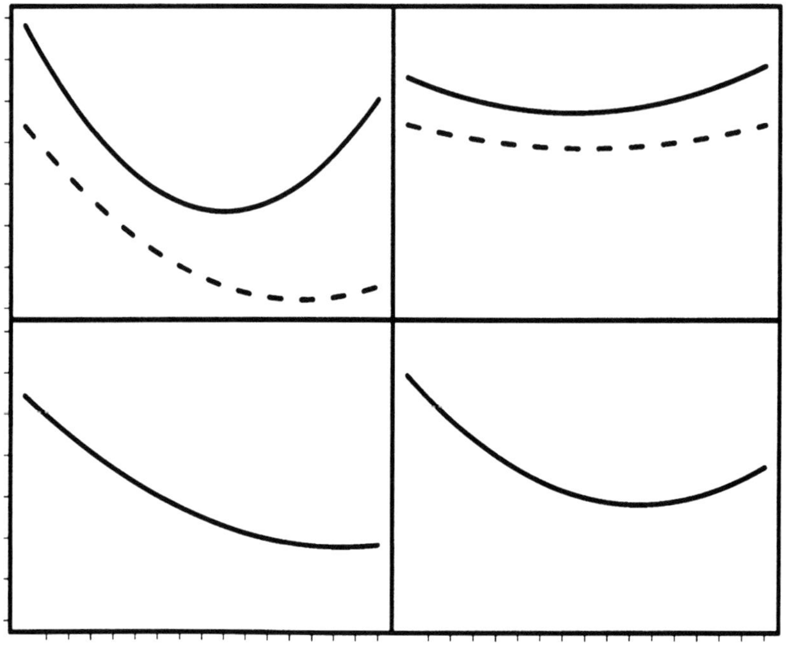

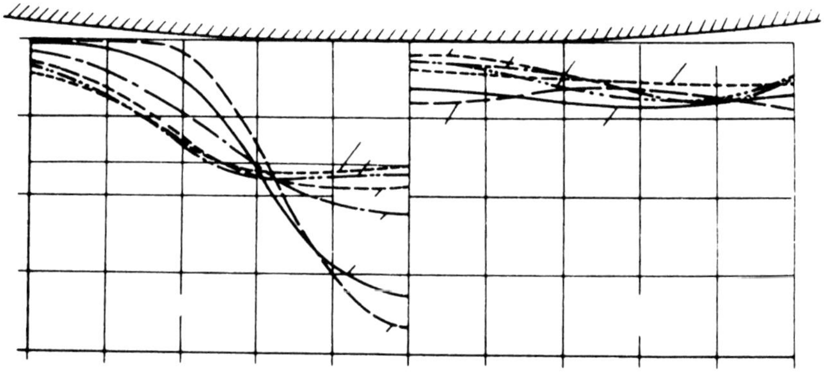

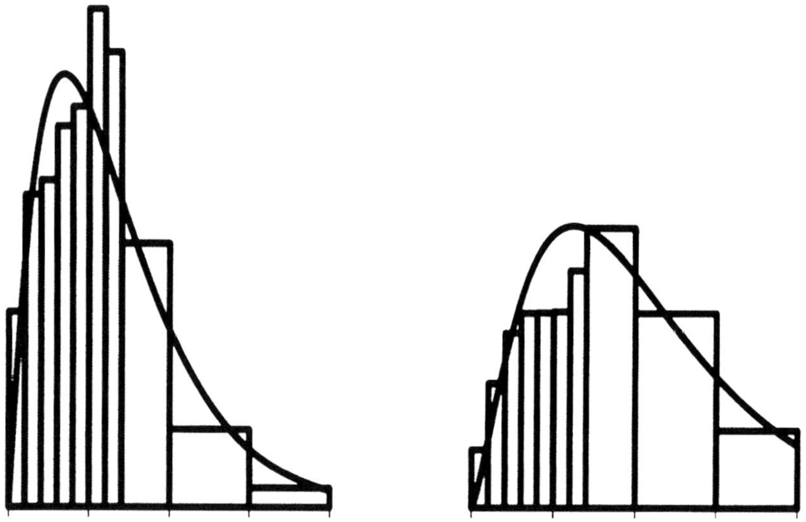

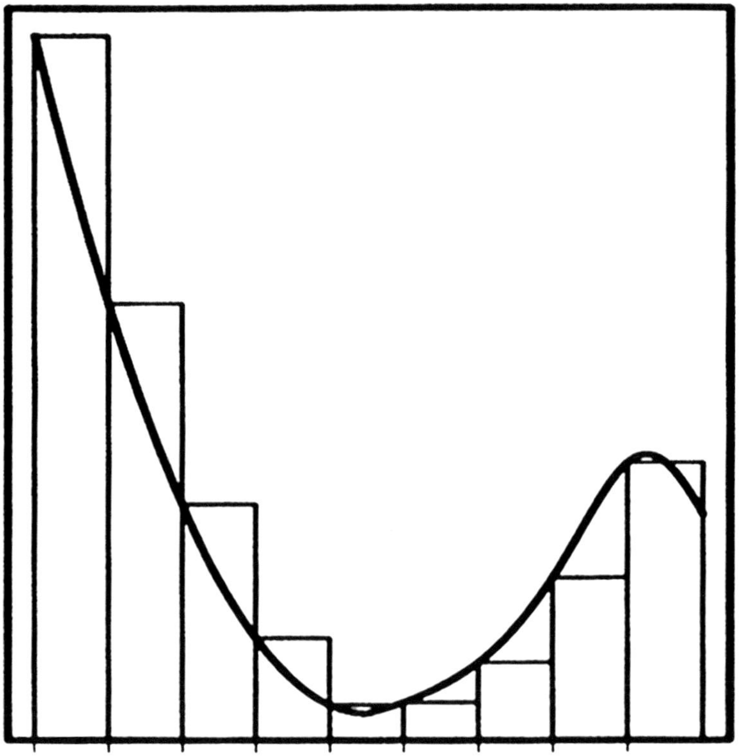

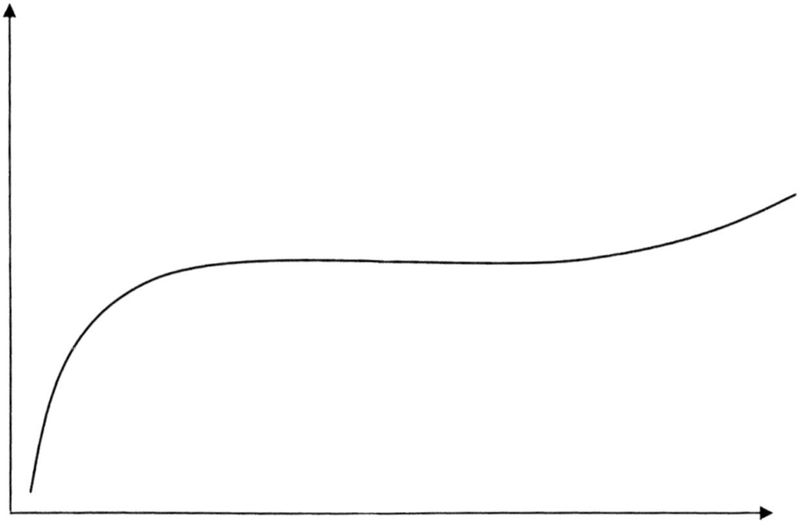

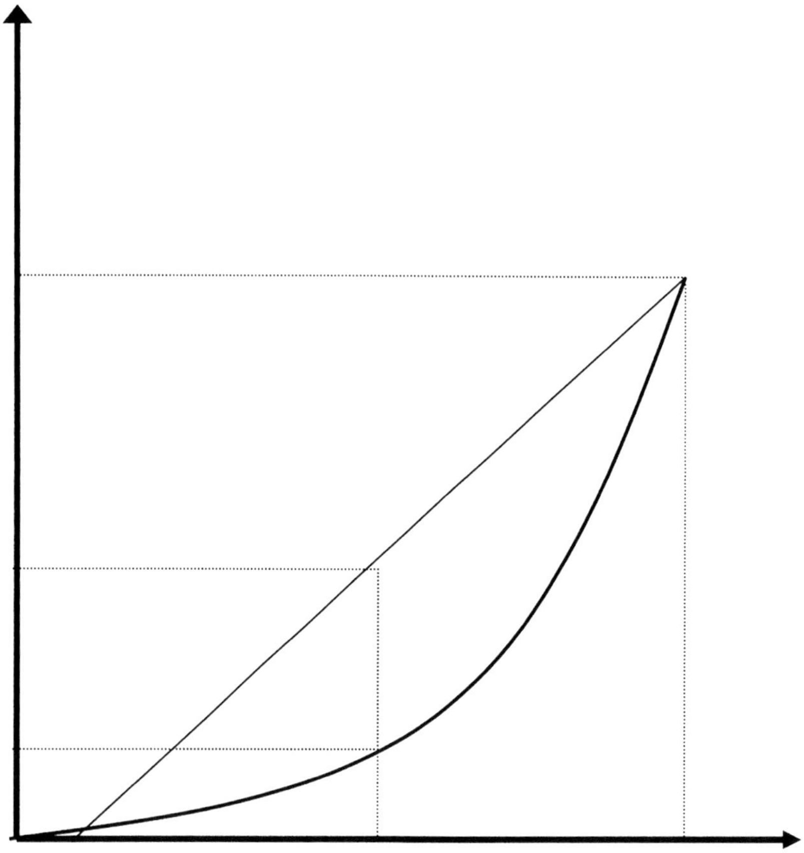

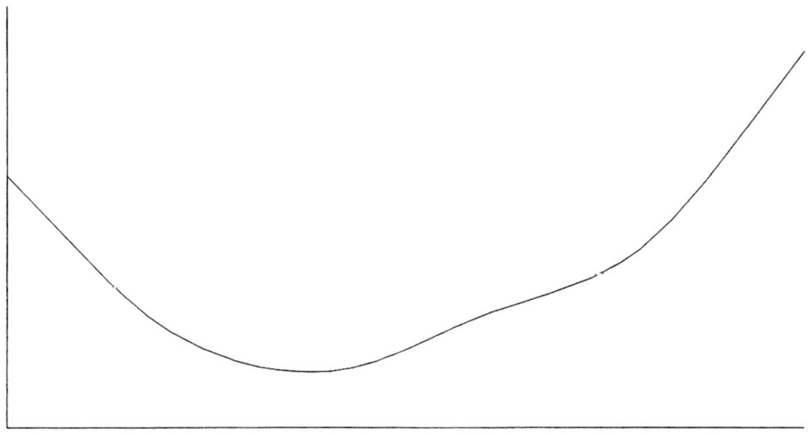

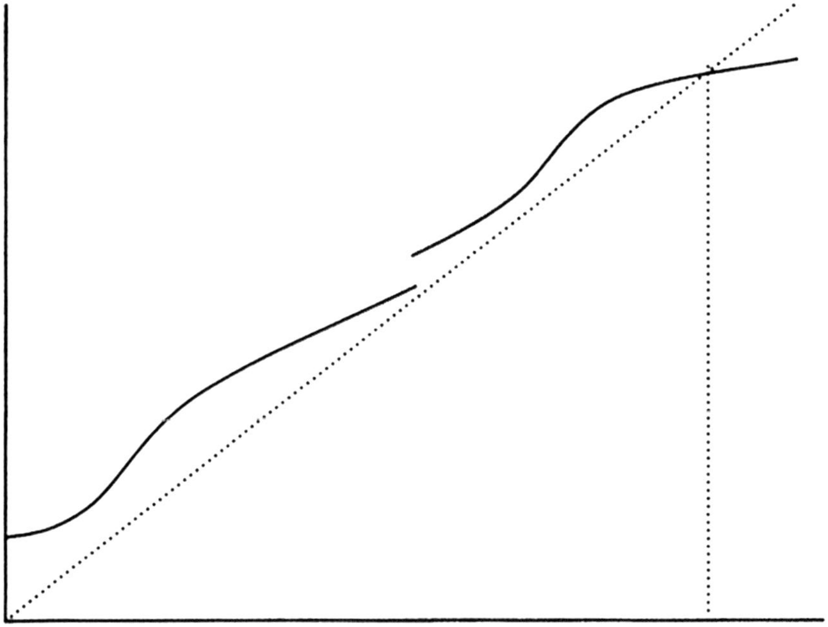

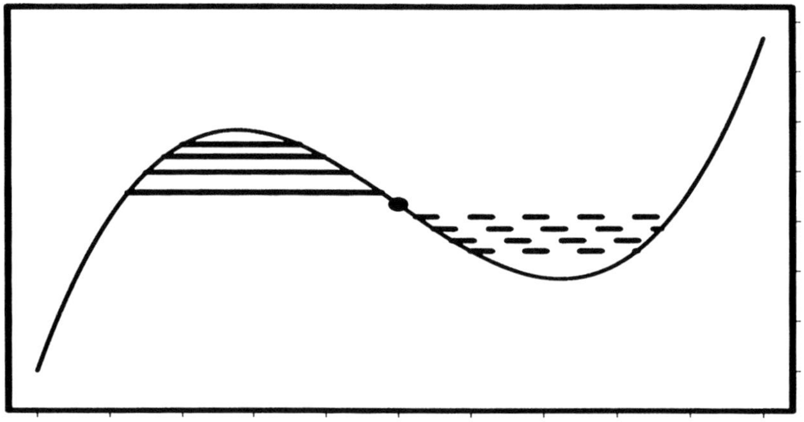

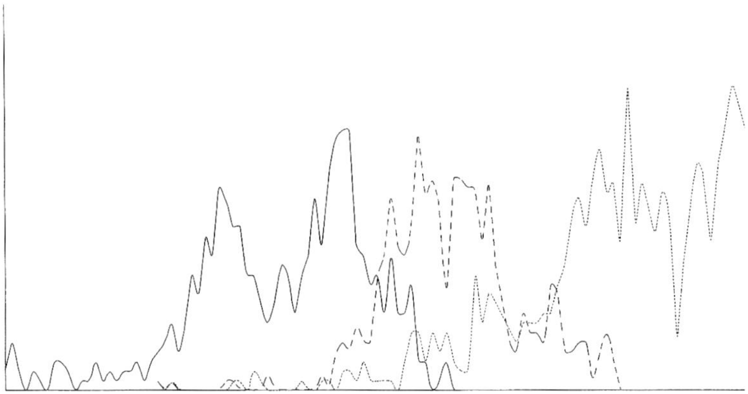

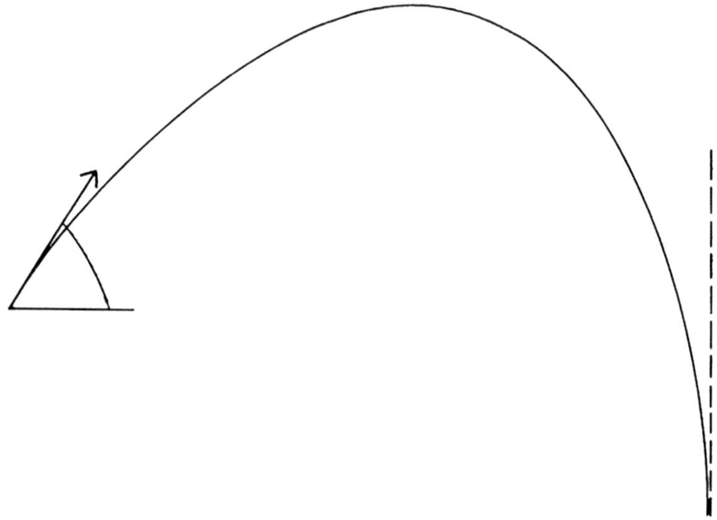

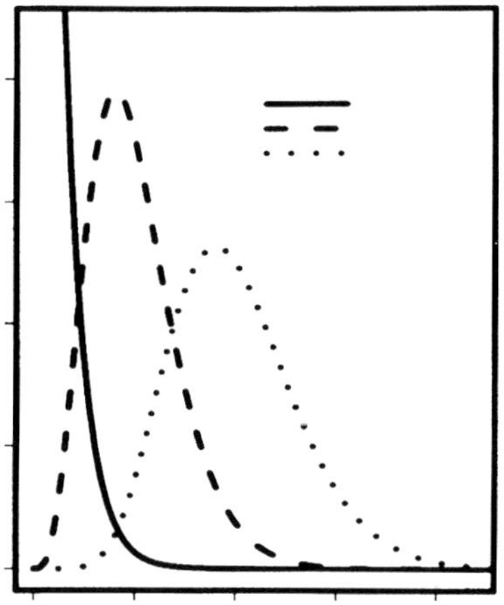

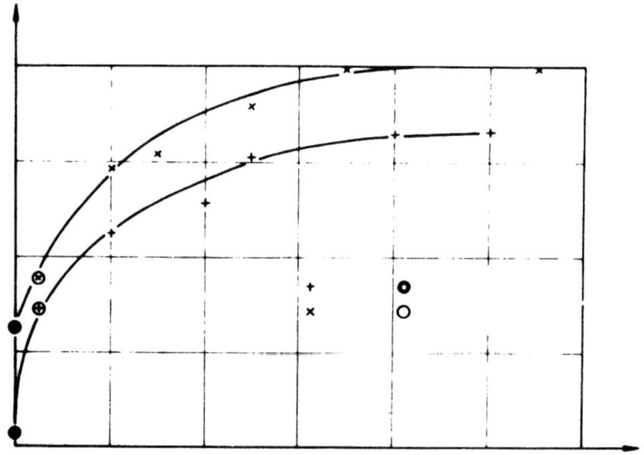

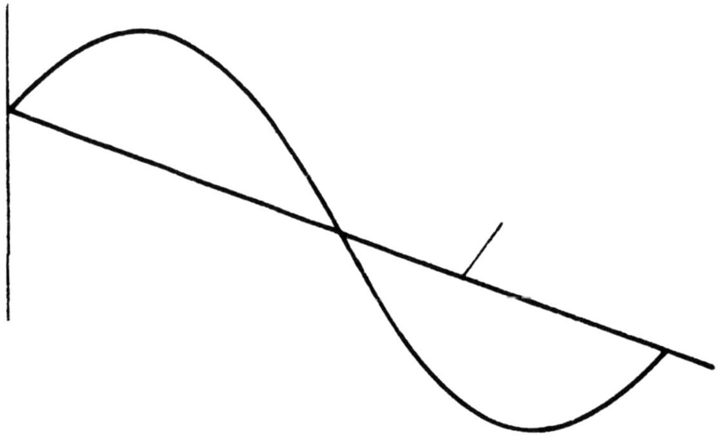

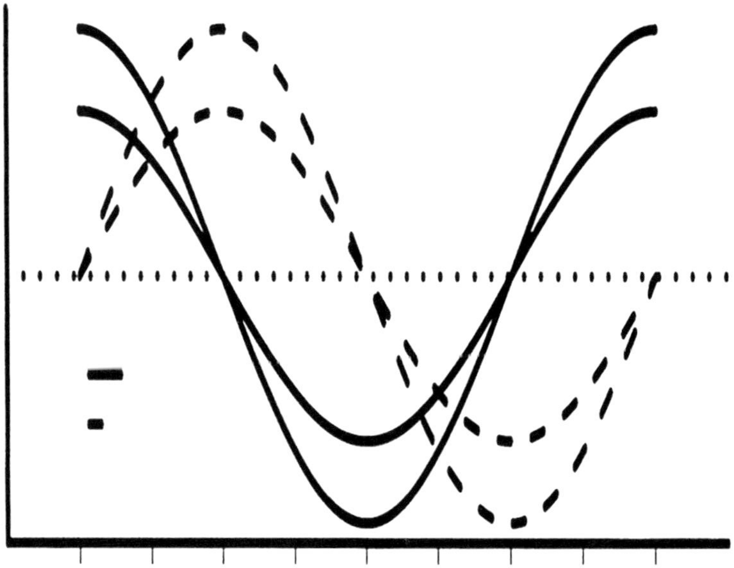

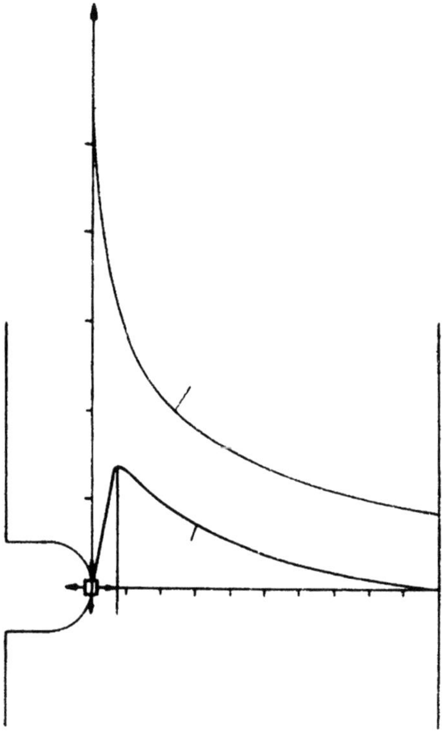

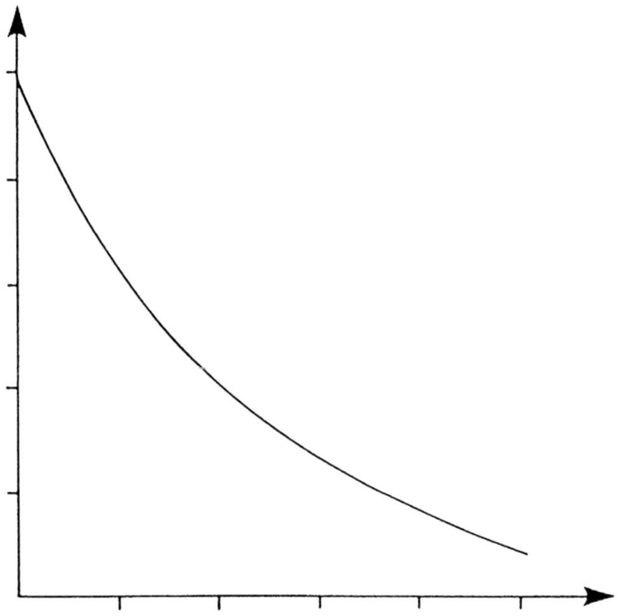

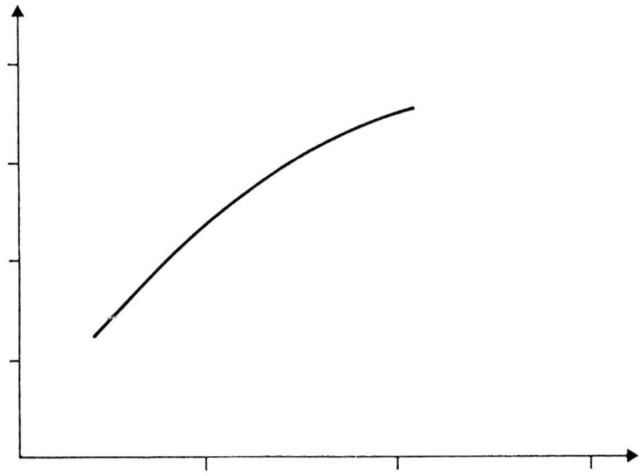

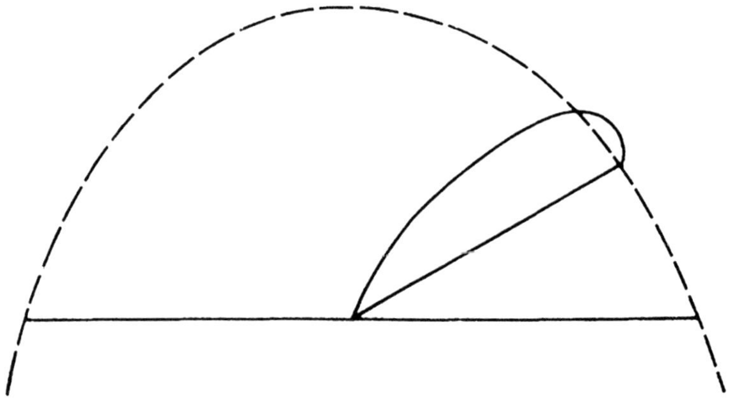

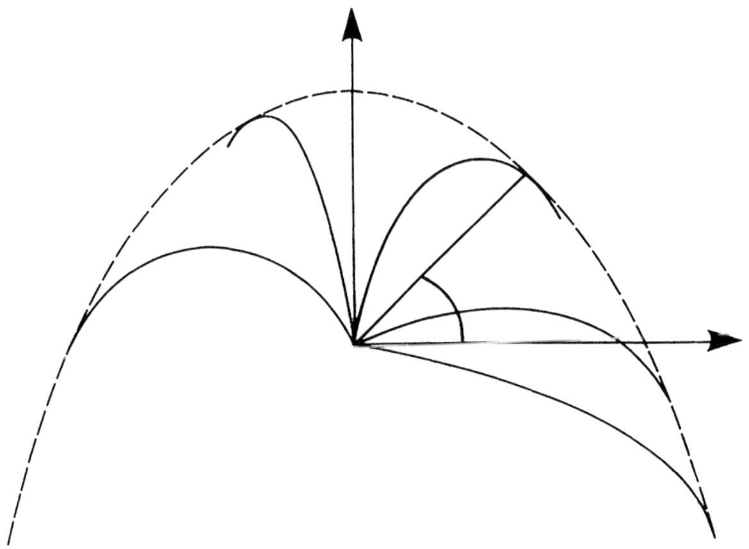

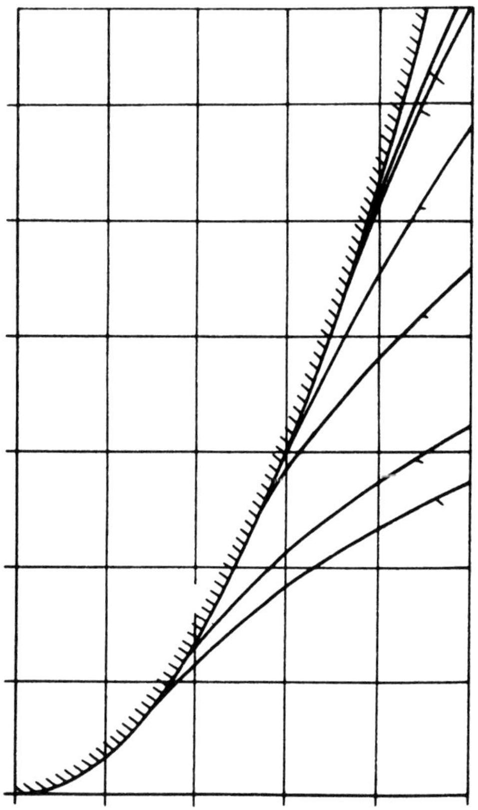

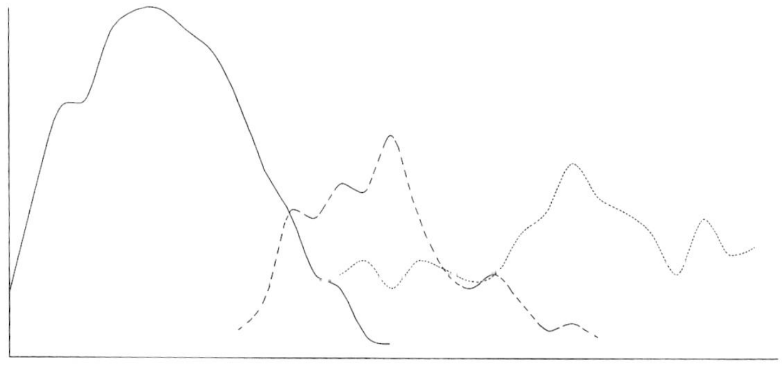

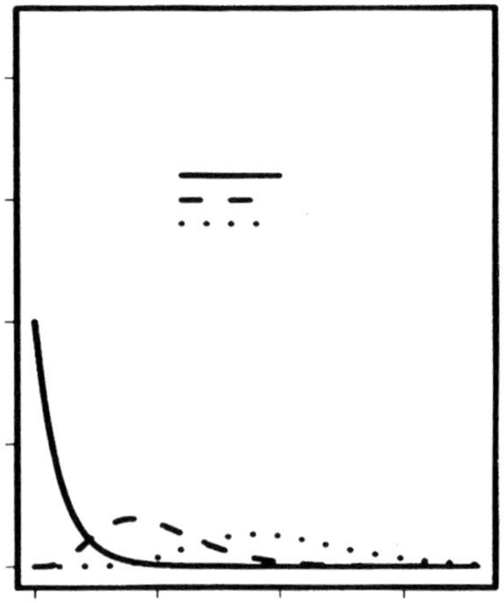

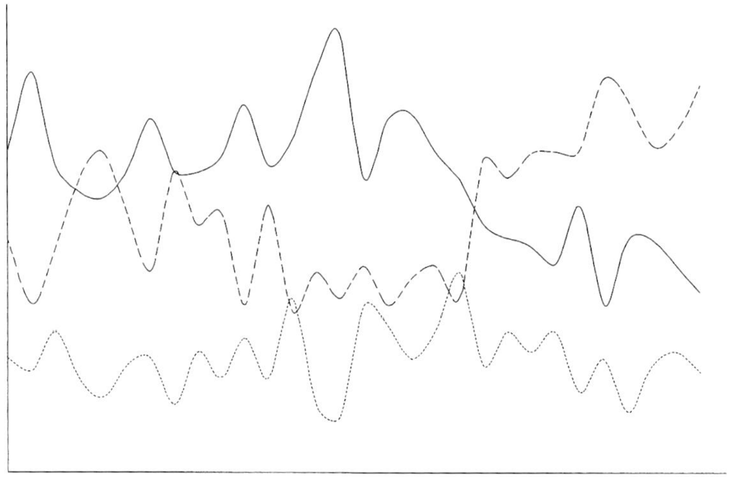

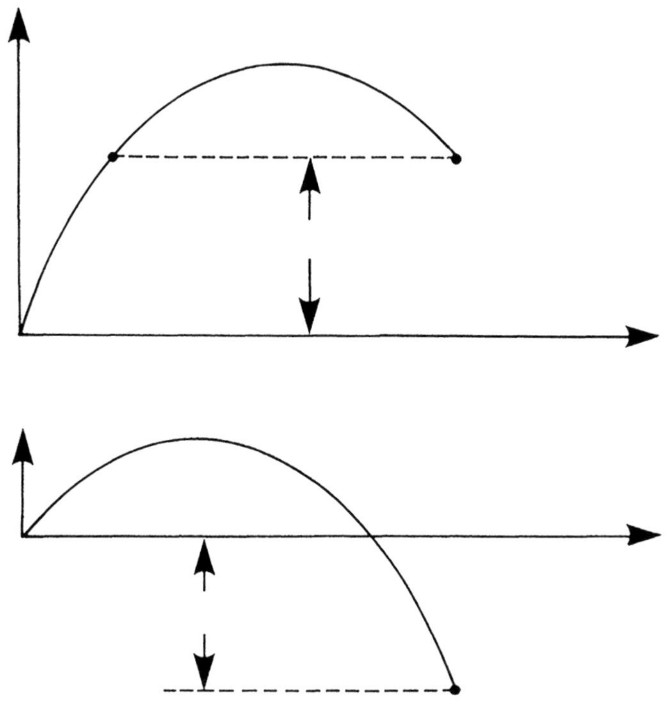

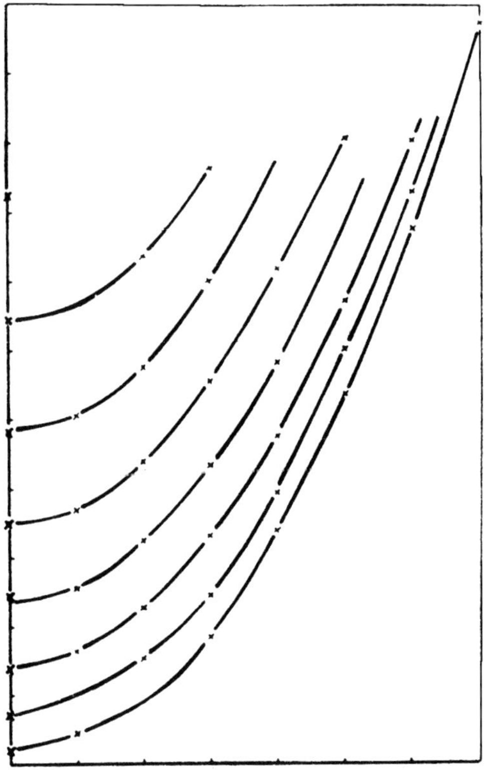

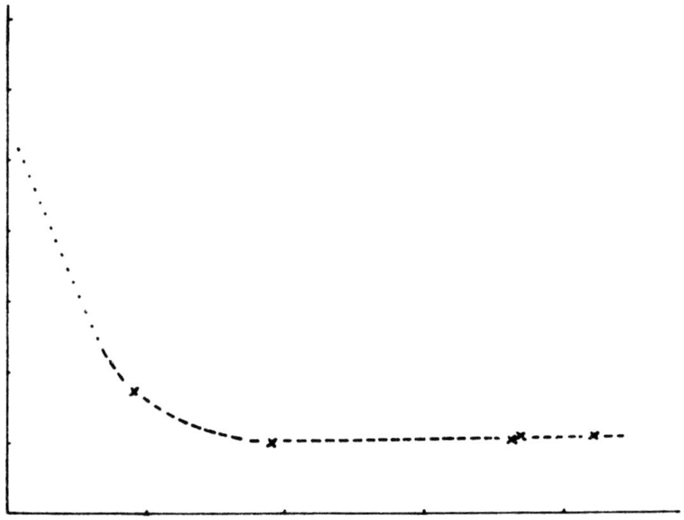

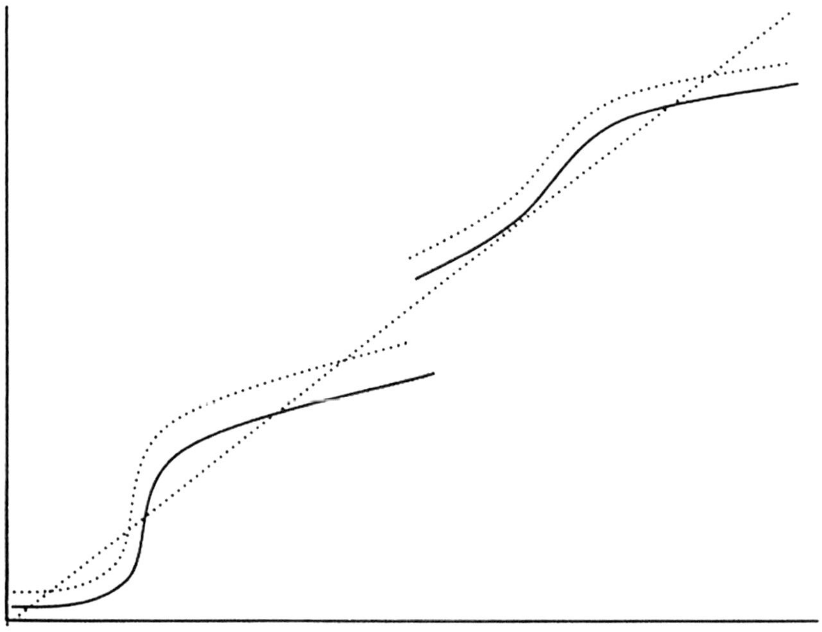

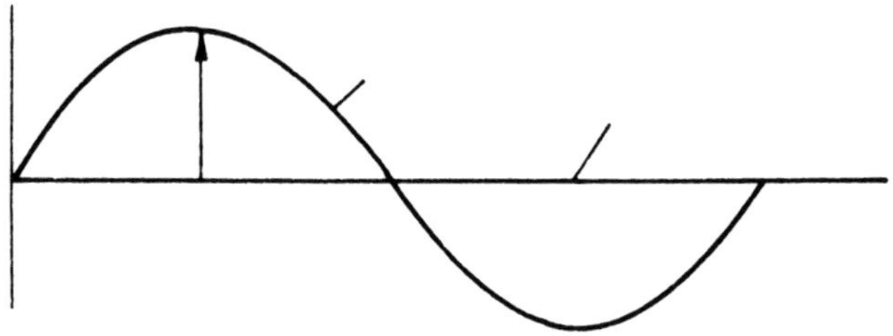

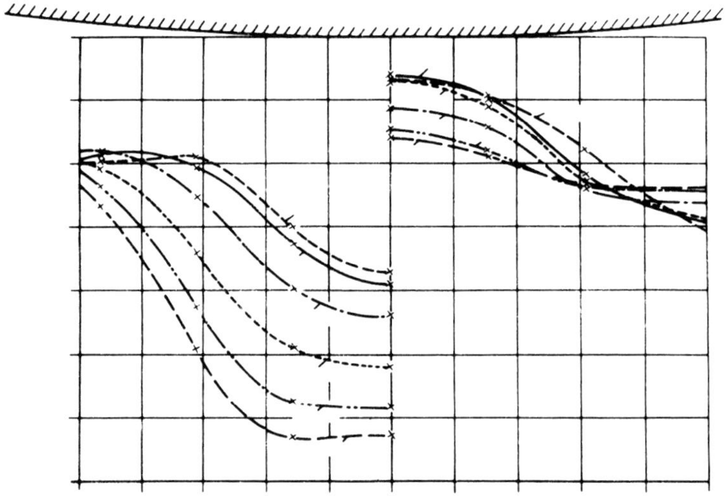

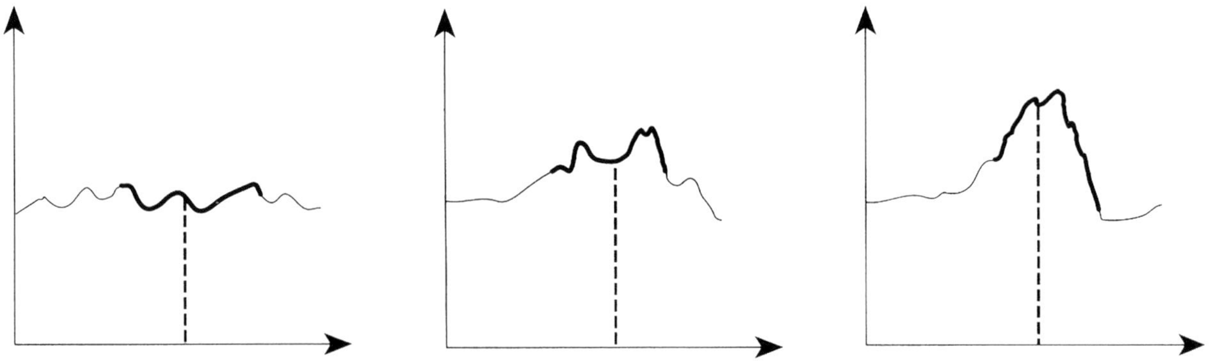

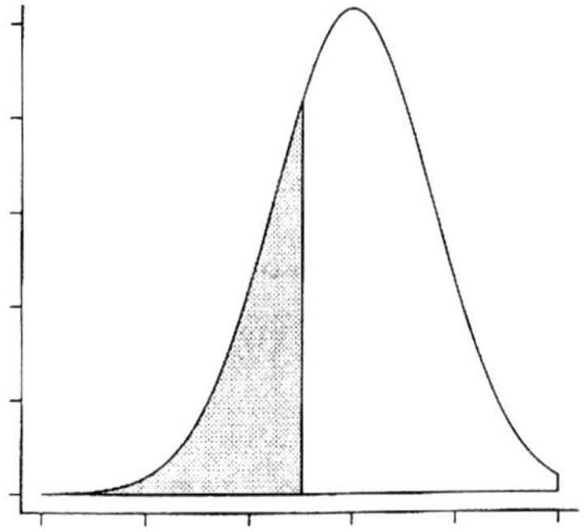

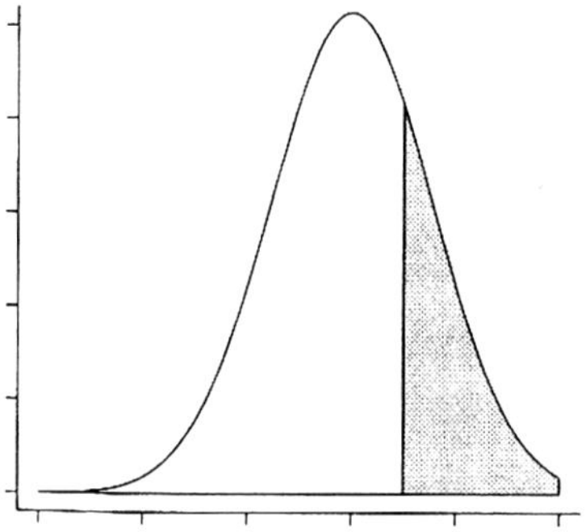

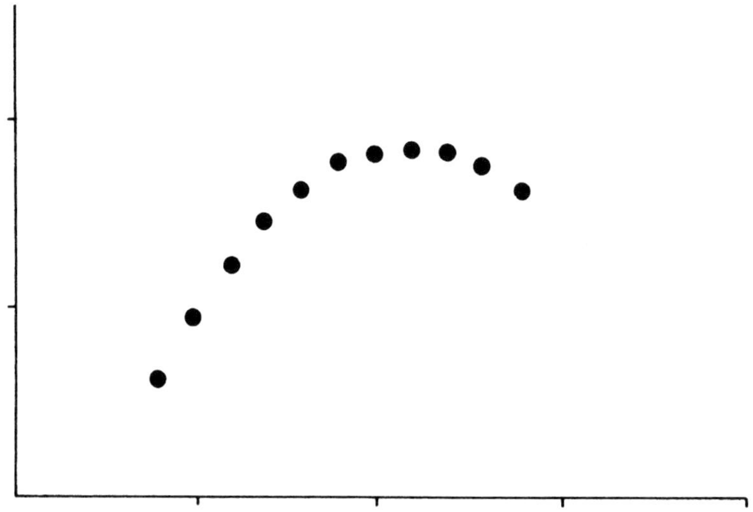

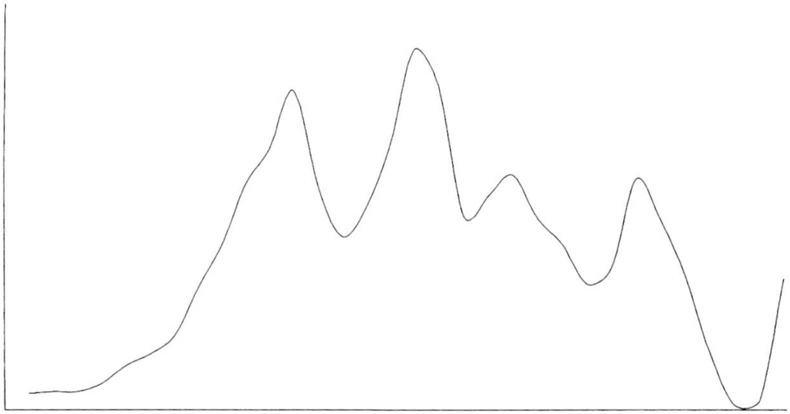

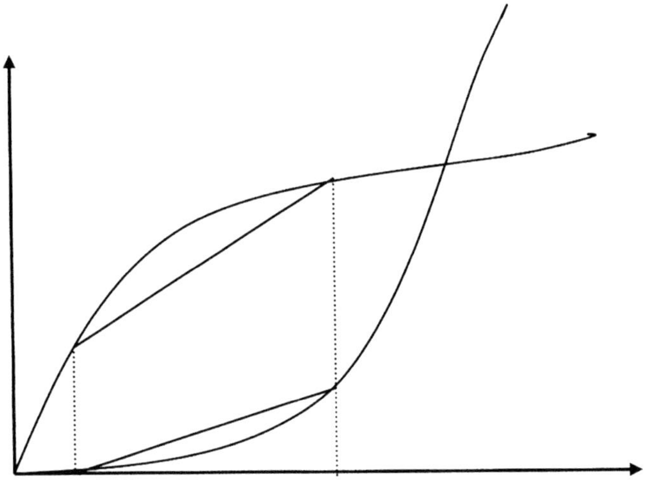

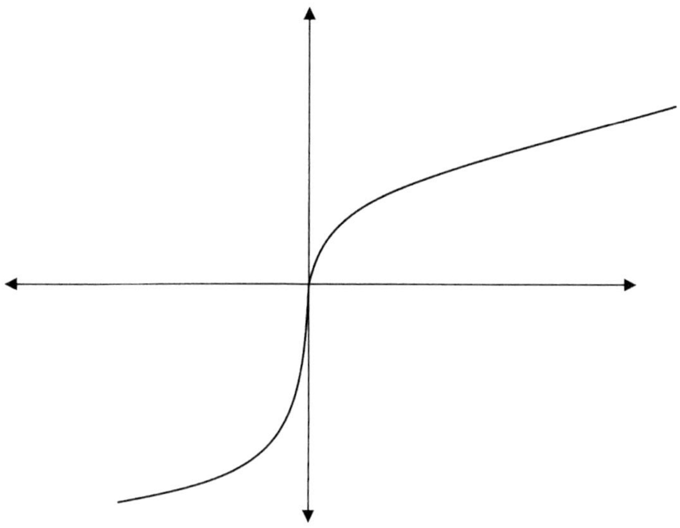

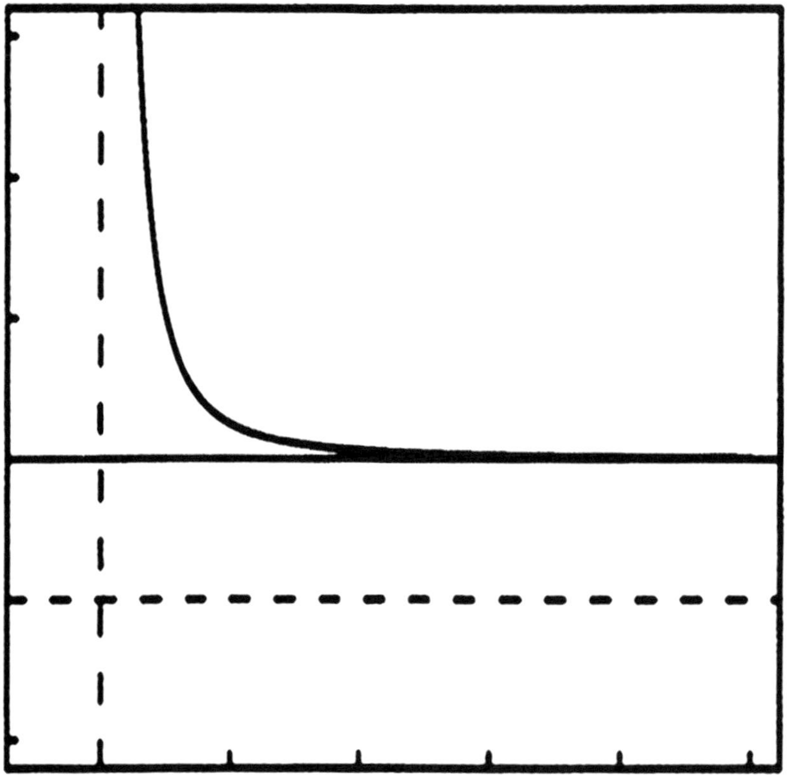

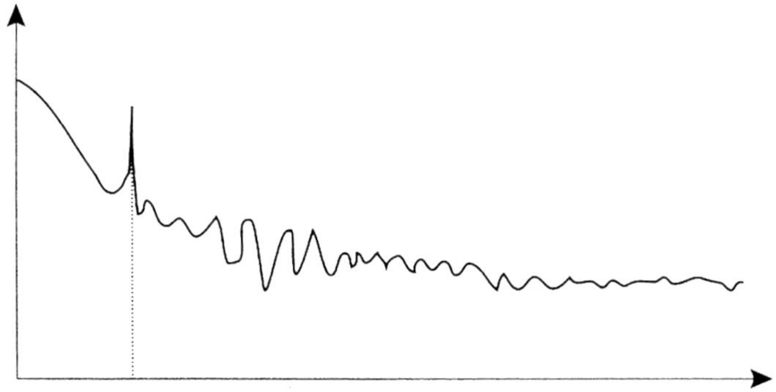

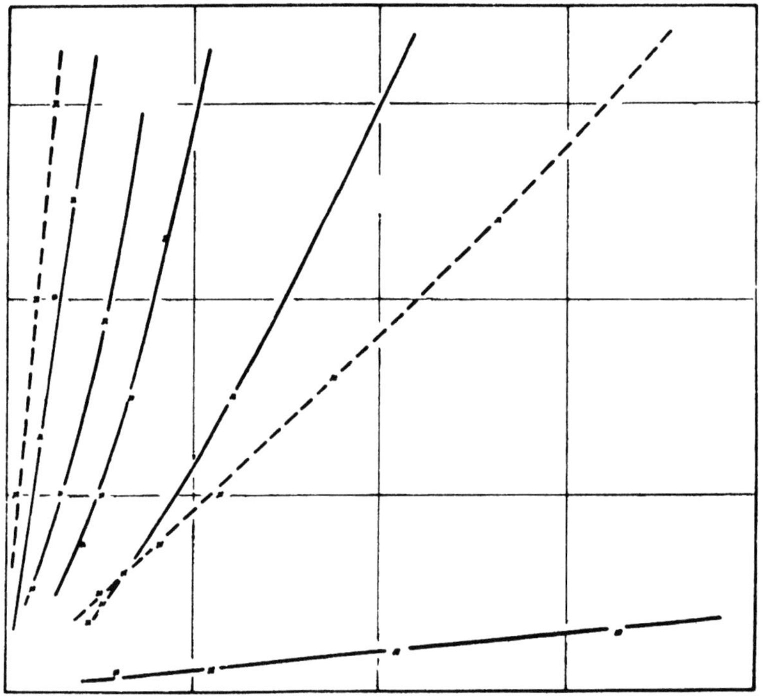

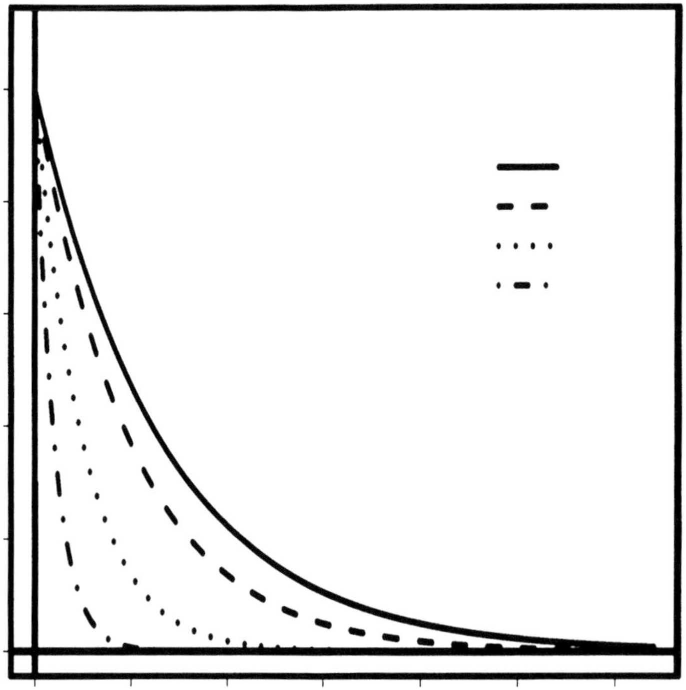

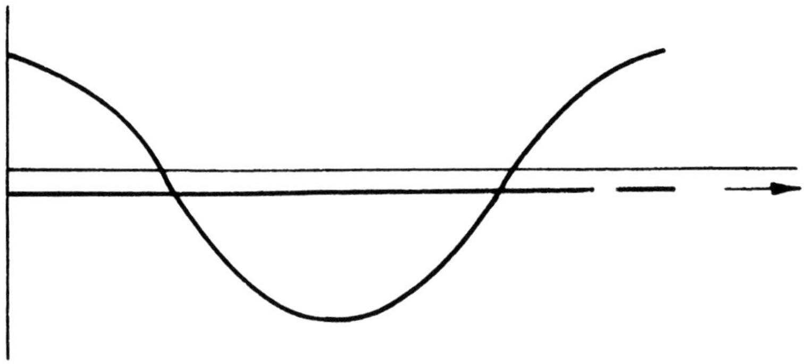

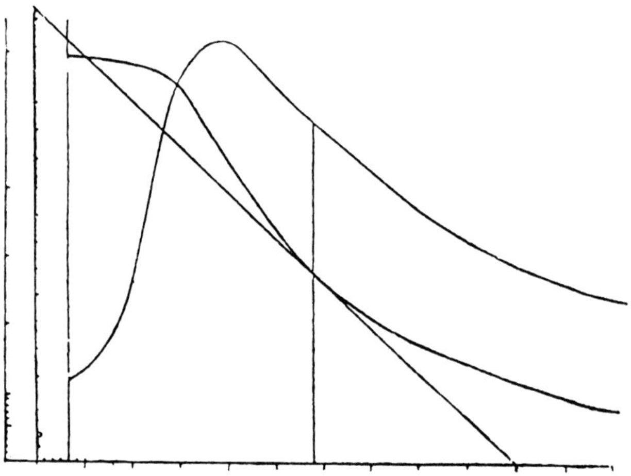

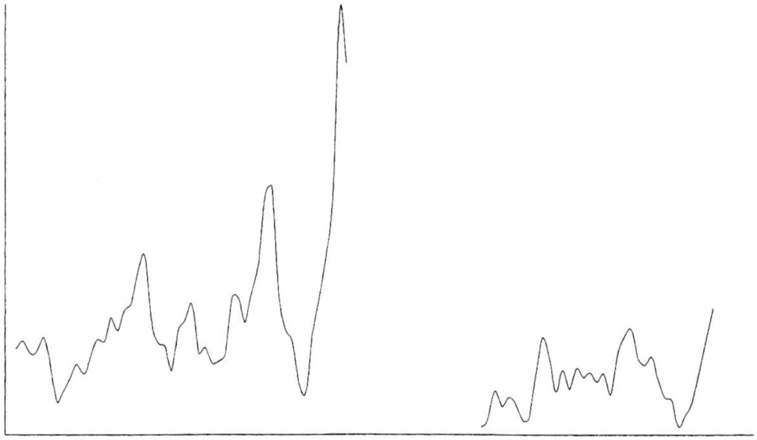

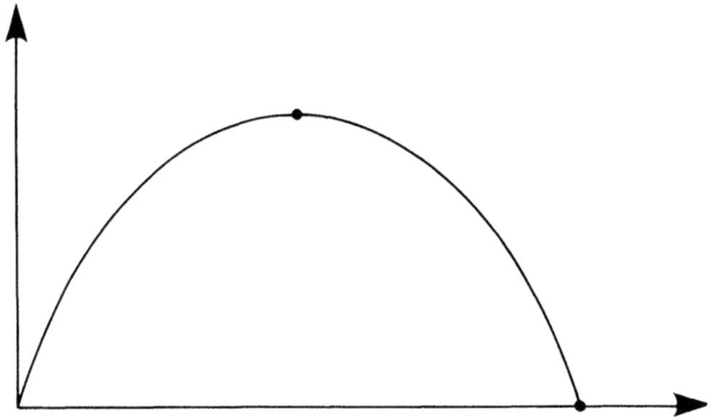

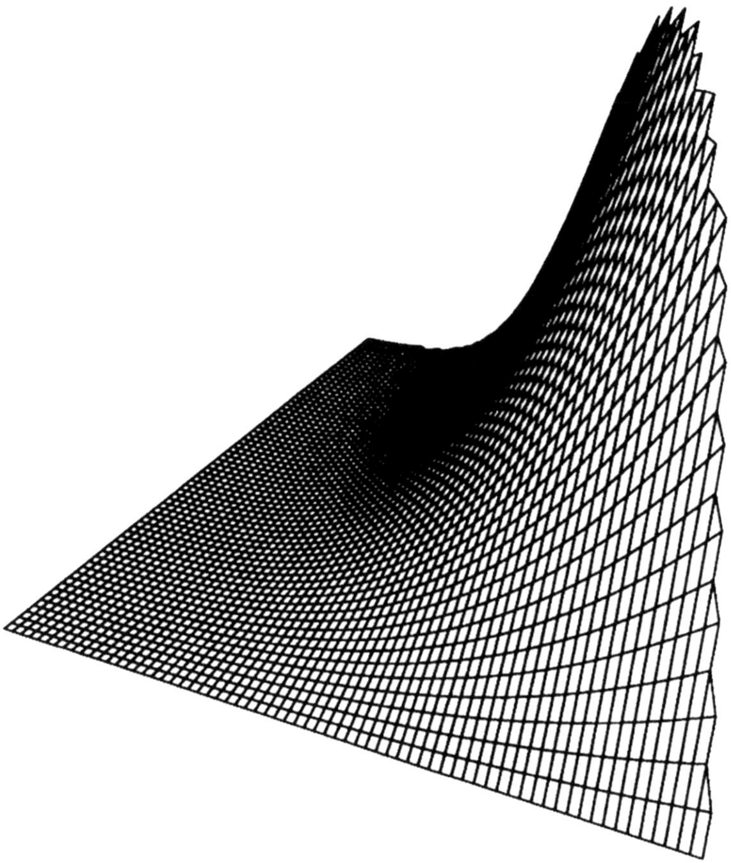

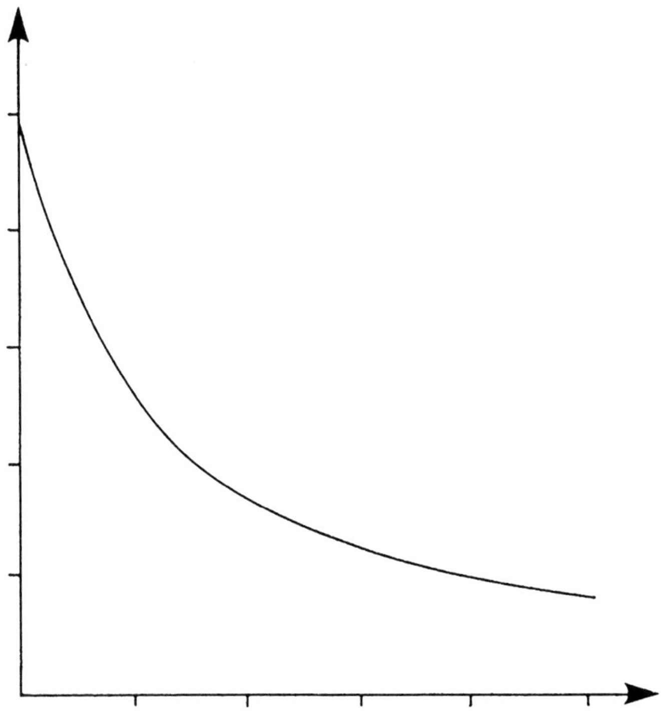

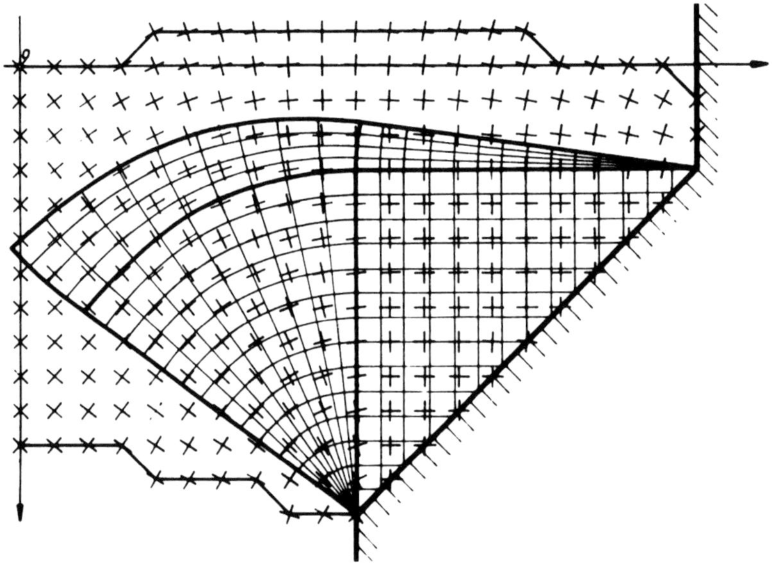

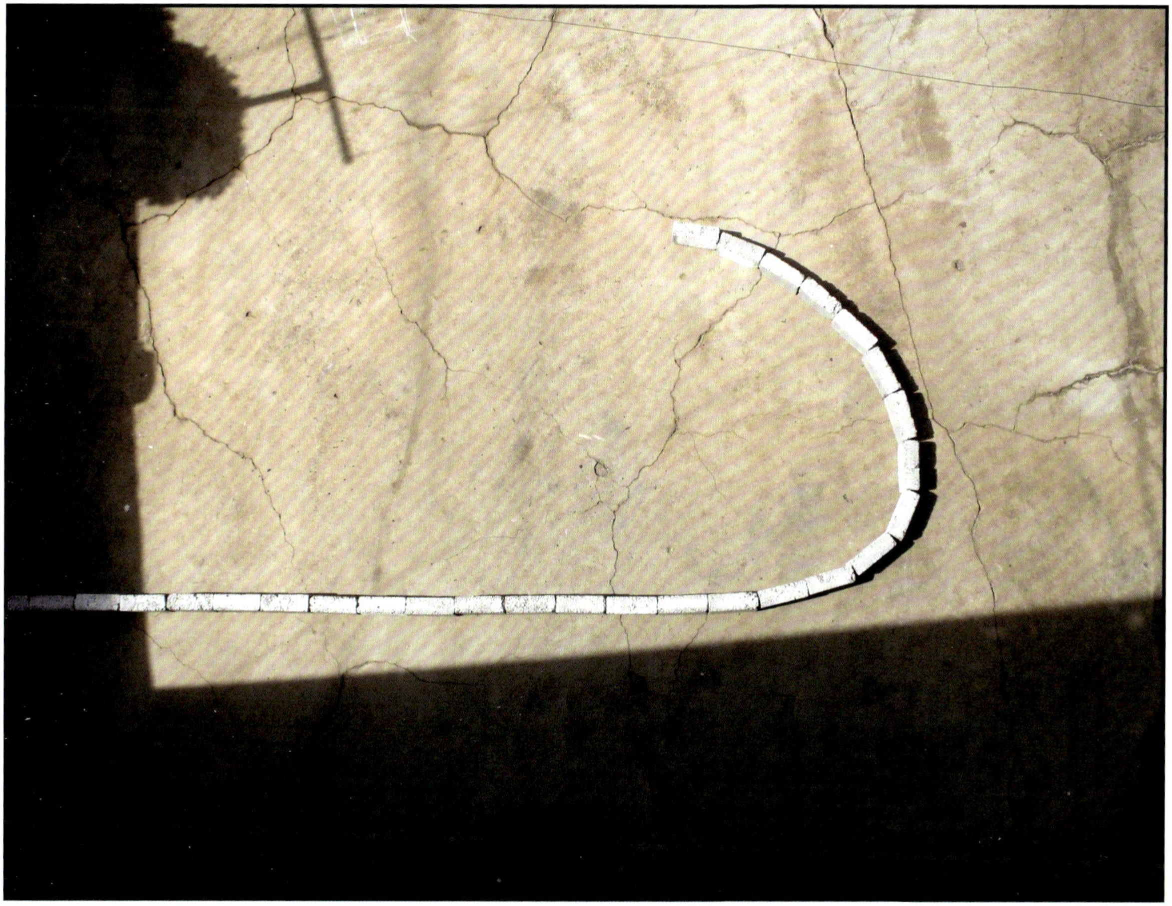

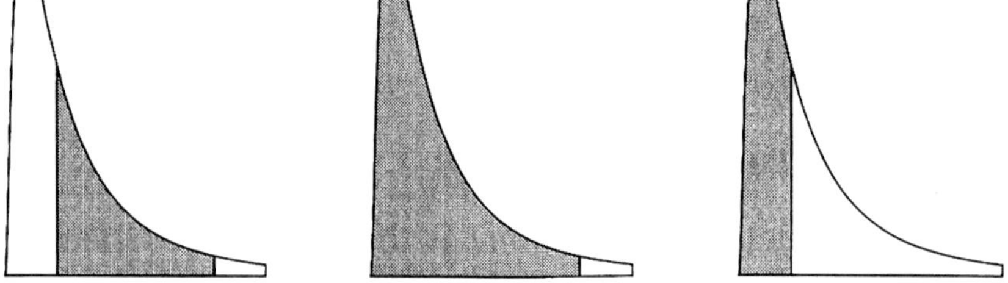

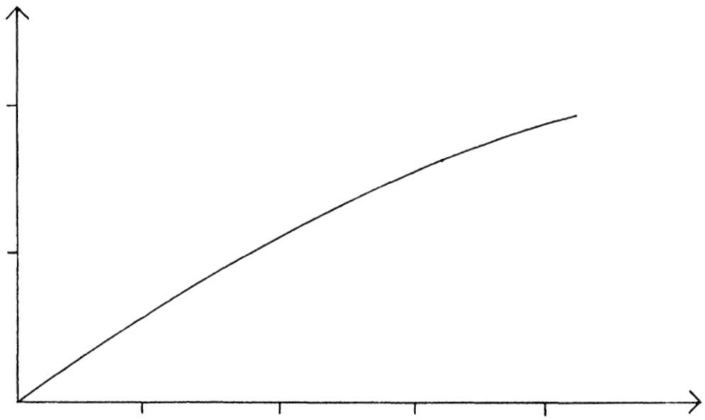

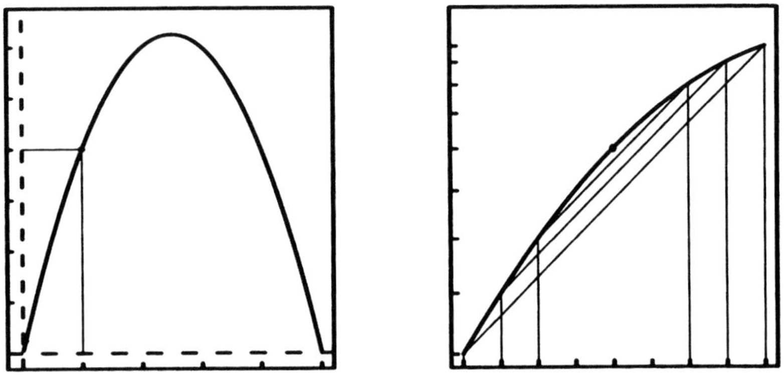

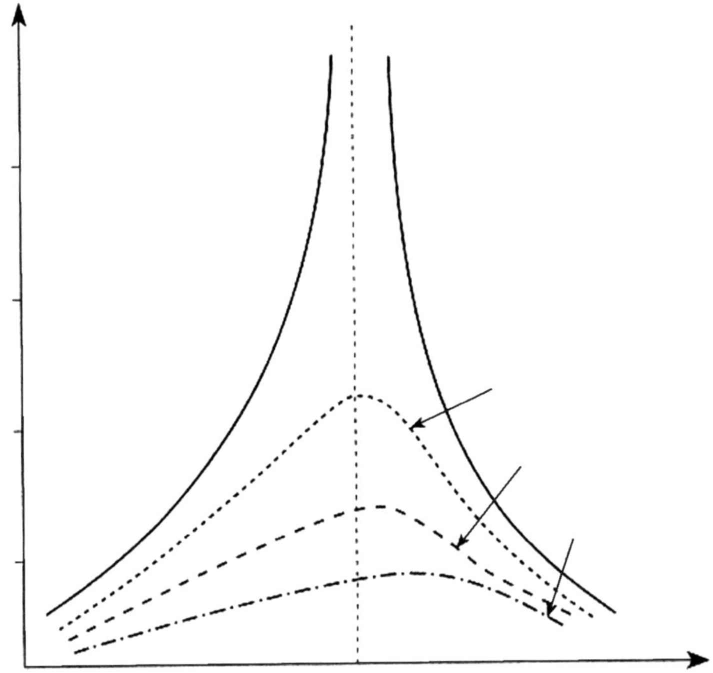

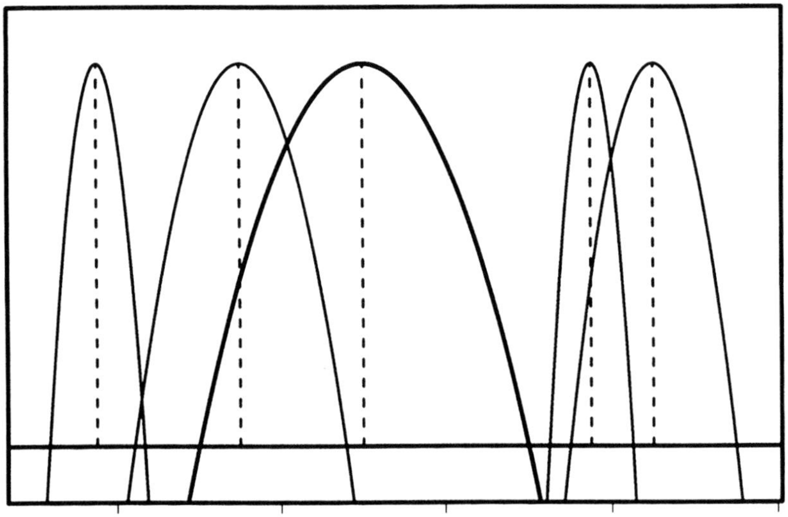

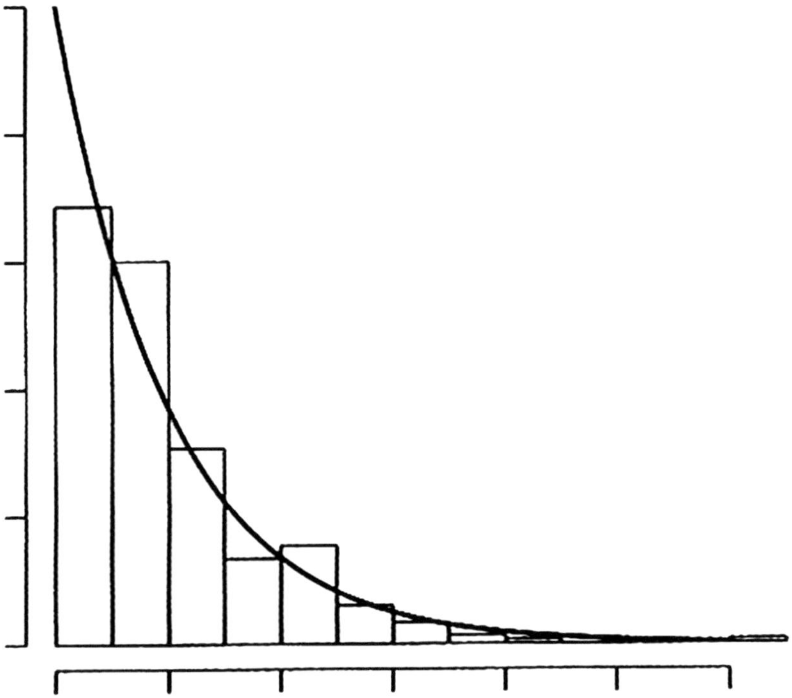

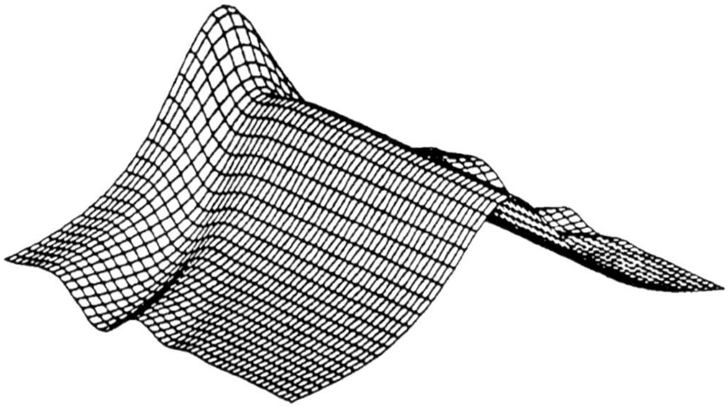

Rhodeworks Publishing, © Robin Rhode 2010